AF360331

FASCICULE XXXV.

—

DENTIROSTRES

Décembre 1890.

ORDO XII. — *DENTIROSTRES.*

Excurtrices. p. Macgill. *Brit. B.* (1839).

Corps ovale. Cou court. Tête assez large. Bec court ou médiocre, large à la base, comprimé à l'extrémité, où il est crochu et muni d'une forte dent. Tarses courts ou médiocres. Doigts (4), grêles, courbés, comprimés ; l'ext. uni au médian à sa base. Ongles longs, courbés, comprimés, aigus, creusés latéralement. Plumage très doux. Ailes arrondies. Queue souvent étroite et longue.

« Se distinguent par leur cruauté. Petits oiseaux de « rapine, ils ne le cèdent point en courage aux plus grands « destructeurs des airs. Leur proie, qu'ils saisissent et « emportent avec le bec, consiste principalement en gros « insectes ; mais ils attaquent aussi avec avantage les « plus petites espèces d'oiseaux. » (T.)

—

FAMILIA — *LANIIDÆ.*

Les Pies-grièches. Gérardin, *Tabl. ornith.* (1806).
Lanii. Pall. *Zoogr.* (1811).
Colluriones. Vieill. *Anal.* (1816).
Laniadæ. Vig., *Gen. of B.* (1825).
Laniadées. Less., *Man.* (1828).

Bec comprimé, denté, crochu. Ailes médiocres ou courtes. Queue assez longue, étagée.

ANATOMIE. — La carotide gauche existe seule. (Garrod).

PROPAGATION. — Nichent sur les arbres.

Œuf; forme le plus généralement ovée, quelque peu obtuse. Coquille d'un grain assez fin, blanc intérieurement, uni et légèrement luisant. Couleur : d'un fond variant du blanc au blanc brunâtre ou verdâtre, parfois rosé, et dans tous les cas recouvert de taches ou moncheture presque toujours réunies en forme de couronne au gros bout; variant du brun au brun olivâtre ou au brun rougeâtre. (O. D. Murs).

BIBLIOGRAPHIE. — Bogdanoff. Die *Würger* der russischen Fauna und ihre Gattungsverwandten. *S. Petersb.* 1844. Atl. de 4 pl. *in-4.*
Washington. (Steph. Baron. v.) *Würger* in Steiermark. *(Mitthlgn. orn. Ver. Wien.* p. 141. 1886).

TRIBUS — *LANIINÆ.*

Arête de la Mandib. supér. assez vive ; l'infér. un peu recourbée en haut. Narines couvertes de poils dirigés en avant. Des poils raides vers les commissures. Tarses relativement assez allongés, minces. Doigt ext. uni à l'int. à sa base. Ongles comprimés, assez aigus.

STIRPS. — *LANIEÆ.*

GENUS I. *LANIUS. Syst.* (1758).

COLLYRIO. G. R. Gr. *Handb. B.* I. p. 390. (1869).

Lanius, du latin *Lanius, boucher.*
Collyrio, de Κολλυρίων ou Κορυλλίων, noms grecs d'oiseaux.

Bec robuste, à bords tranchants, dent marquée très nettement. Ailes plutôt courtes ; 1re Rém. très courte ; 3e la plus longue ; $2^e = 6^e$; 4e et 5e très échancrées sur leur bord ext. près de l'extrémité. Taille relativement fortes. Queue très étagée. Teintes générales, gris, noir et blanc. Sexes semblables.

Bibliographie. — Brehm (C. L.). Der *grosse Würger* und seine Verwandten. *(J. f. O.* p. 143 et suiv. 1854).

Dresser (H. E.) et Sharpe (R.). On *Lanius excubitor* and its Alliis. *(P. Z. S.* p. 590 et suiv. 1870).

———

1. LANIUS EXCUBITOR. L. *Syst* p. 94. (1758).

Grössester Neuentödter. Klein, *Verb. Hist. d. Vög.* p. 52. (1760).

Lanius cinereus. B. *Orn.* II. p. 141. (1760).

L. cinereus major. Id. *Ibid.* p. 146.

Velia ceneria. ** *Stor. degli Ucc.* I. pl. 53. (1767).

Lanius *seu* collyrio cinereus major. Salerne, *Orn.* p. 27. (1767).

La Pie grièche grise. B. *Ois.* I. p. 296. pl. 20. (1770). — Id. *enl.* 445.

Great cinereus shrike. Lath. *Gen. Syn.* I. p. 160. (1781).

Lanius excubitor. T. *Man.* I. p. 59. (1815).

L. cinereus. Leach, *Brit. M.* p. 19. (1816).

Collurio excubitor. Vig, *P. Z. S.* p. 42. (1831).

Lanius excubitor. Brehm, *Isis.* p. 1275. (1828). — *Handb.* p. 232 (1831).

Collurio excubitor. Gould, *Eur.* pl. 66. (1837).

Lanius excubitor et rapax. Brehm, *Vogelf.* p. 82. (1855). — *Naumannia.* p. 275. (1855).

Collyrio excubitor. G. R. Gr. *Handf. B.* I. p. 390. (1869).

Lanius excubitor. Sharpe et Dresser, *P. Z. S.* p. 390. (1870). — Dresser, *B. of Eur.* III. p. 373. pl. 145. (1873).

Lanius rapax. Brehm, *J. f. O.* p. 147. (1854). — Id. *Naumannia.* p. 275. (1855).

Lanius excubitor. H. Gadow, *Cat. B. Brit. Mus.* VIII. p. 237. (1883).

Excubitor, sentinelle.

Norvégien : *Varsler.* (Stejneger).

Suédois : *Större Törnskata.* Scanie, *Varfogel.* (Nilss.).

Danois : *Stor Tornskade.* (Teilmann).

Allemand : *Aschfarbiger Würger. Grosser blauer Würger. Gemeiner Neuentödter. Grosser europäischer Neuentöder. Würgengel. Warkenengel. Gebüschfalke. Wilder Elster. Speralster. Griegelster.*

Wachender Würgvogel. Grauer grosser Afterfalke. Buschelster. Thornkrätzer. Thorkraser. Walathee. Neunmörder. Wildwald. Krück-, Kruck-, Krauselster. (Bechst).

Hollandais : *Klapekster. Wachter. Blaauweklaauwier. Negendooder. Waldheer. Trünekster. Trinkenbytcr.* Groningue, *Graauwen Doorndraaijer. Blaauwen Trinkvalk. Kleinen Valk.* (Schleg.).

Anglais : *Greater Butcher-Bird.* (Willughby).

Français : *Pie-griesche* (Belon). « Qui vouldrait considérer l'appel- « lation vulgaire de cest oyseau, penserait qu'on deust entendre que ce « fust quelque *Pie* estrange, veuuë du païs de Grèce ; mais la raison en « est autre : c'est que les Françoys voyants cest oyseau assez commun « par tout en leurs contrées, ayant les taches blanches par les costez « comme une *Pie*, et ne luy ayants trouué non mieux à propos, l'on « nommé *Pic-griesche.* » (Belon).

« La *Pie-grièche* a été ainsi nommée de *Pica græca*, comme qui dirait « *Pie de Grèce*, ou *Pie grecque* ; car anciennement on disait *Grégeois*, « *Grien* ou *Griais* pour *Grec*. D'autres dérivent *Griesche* ou *Grièche* du « mot grec *Agria*, qui veut dire *Sauvage* ; aussi l'a-t-on nommée quel-

---

LANIUS MAJOR. Pall. *Zoogr*. I. p. 401. (1811).

Lanius major. Brehm, *Isis.* p. 1275. (1828). — *Handb.* p. 232. (1831).
 — *Vogelf.* p. 82. (1855). — *Naumannia.* p. 275. (1855).
L. excubitor. v. Middend. *Sibir. Reise.* II. p. 188. (1853).
L. melanopterus. Brehm, *J. f. O.* p. 238. (1860).
L. excubitor. Meves, *Oefvers, K. Vet. Ak. Förh.* p. 762. (1871).
L. major. Caban. *J. f. O.* p. 75. (1833).
L. major. Schalow, *J. f. O.* p. 232-346. (1875). p. 132-232. (1876).
L. lathora. David et Oust. *Ois. Chine.* p. 93. (1877).
L. borealis sibiricus. Bogdan. *Russian Shrik.* p. 102. (1881).
L. borealis europæus. Bogdan. *Russian Shrik.* p. 108. (1881).
L. major. Reinhardt, *Orn. Centralblatt.* p. 17. (1881).
L. major. H. Seebohm, *Ibis.* p. 185. (1880). p. 378. pl. XI. (1882).
L. major. H. Gadow, *Cat. B. Brit. Mus.* VIII. p. 239. (1883).

Voyez Gerbe (Z). Note sur l'apparition accid. en Provence de la *Pie grièche majeure. (Le Natur.* p. 75. 1879*)*.

V. Tschusi z. Schmidhoffen. *(Mitthlgn. orn. Ver. Wien.* p. 30-180. (1878).

E. v. Homeyer. *(Ornith. Briefe.* p. 29-30).

J. Reinhardt. *(Ornith. Centralbl.* p. 17. (1881).

Sclater (H. H.). Exib. of a Shrike *Sp. inc. (P. Z. S.* p. 722. 1882).

« quefois *Pie de montagnes* ou *de buissons.* En Sologne, on l'appelle
« *Pie-griesche folle, Calouasse* ou *Colouasse, Malouasse* ou *Ama-*
« *louasse.* En Périgord, *Ageasse* ou *Ajace Boisselière.* En Picardie,
« *Agasse cruelle.* En Berry, *Darnagasse, Pie-Ajace* ou *Crajace.*
« A Nantes, *Pie-Croi.* A Verdun, une *Craouille* ou *Agasse Craouil-*
« *lasse.* On la nomme encore *Pie-grièche blanche.* A Saint-Ay, au-des-
« sous d'Orléans, *Pic Gruelle.* Ces différentes dénominations sont tirées
« de la figure de son bec, ou de sa méchanceté, ou de sa ressemblance
« avec la *Pie ordinoire,* qu'on appelle en certains pays *Agasse, Agace*
« ou *Ajace, Ouasse.* » (Salerne).

Savoie : *Pigrècha, Jaquette bâtarde.* (Bailly).

« Les Savoyards l'appellent *Mattagasse,* c'est-à-dire la *Pie massa-*
« *crante.* On l'appelle aussi quelquefois en France *Pie ancrouelle,*
« parce que, comme la *Pie,* elle s'accroche au tronc des arbres... ou bien,
« *Pie escrayère,* parce que son cri est sonore et ressemble à l'aboiement
« d'un chien. » (Aldrovande).

Gard : *Tarnagas dei gris. Margasso.* (Crespon).

Diffère de L. excubitor. L. *par le miroir blanc, qui
est simple au lieu d'être double, et ne se voit que sur le
Rém. prim. Dessous du corps entièrement blanc, sans
lignes ondulées.* (Cabanis).

Voyez von Tschusi, *l. c.*

Voyez R. Collett, On *Lanius excubitor* and *L. major.
(Ibis.* p. 30. 1886). L'auteur de ce mémoire après avoir
constaté que l'on rencontre des individus formant la tran-
sition entre ces deux Formes, ajoute l'observation qu'il a
faite d'un mâle du *L. excubitor* nichant avec une femelle
qui offrait tous les caractères du *L. major.* Il conclut en
faisant remarquer que le vrai *L. excubitor* est propre
au centre et à l'O. de l'Europe. La forme *L. major* est
plus C. dans la région arct. et l'Asie sept. *L. Homeyeri*
se rencontre plus souvent vers le S. E. de l'Europe.

HABITAT. — Sibérie. (Pall.). B. — Ussuri. (Taczan.) Volga. (Dybowsk.).
Transylvanie. Autriche. (v. Tschusi, *Ornithol. Centralbl.* p. 108 1878).
Se montre en Danemark. (Reinhardt).

Italien : *Averla maggiore*. (Savi).
Sicile : *Tistazza*. (L. Benoît).
Sicile : *Velia grossa*. (Cara).

*Parties supér. grises. Dessous du corps et scapul.,
blancs. Une bande noire traverse les yeux et s'étend
jusqu'aux oreilles. Ailes noires avec deux taches blanches. Les 4 Rectr. méd. noires ; les autres terminées de
blanc sur une assez grande étendue. Bec et pieds
noirs. Long. tot. 0ᵐ,23.*

MÂLE. — Parties supér. d'un gris cendré clair. Ailes
noires, lisérées de blanc sur le bord du carpe. Rém.
prim. blanches à la base, de manière à former en cet en-
droit, lorsque l'aile est pliée une tache blanche quadrilatère à bords supérieur et inférieur découpés ; les second.
également blanches à la base, d'où il résulte une seconde
tache, mais oblique et plus rapprochée du haut de l'aile
que la première. Toutes les Rém. terminées par une
bande transversale blanche à partir de la 6ᵉ Suscaud.
d'un cendré clair, terminées de blanc. Queue en grande
partie noire ; la 1ʳᵉ Rectr. ext avec la baguette noire,

LANIUS MOLLIS. Eversm. *Bull. Soc. Imp. Mosc.* p. 498.
(1853). — *Naumannia.* p. 86. (1856).

LANIUS MOLLIS. Seebohm, *Ibis.* p. 374. pl. XI. (1882).
L. MOLLIS. H. Gadow, *Cat. B. Brit. Mus.* VIII. p. 241. (1883).

*Superne cinereo vinaceus, subtus albidus (fuscescenti
undulatus), crisso hypochondriisque vinaceis ; fascia
oculari nigra ; Remigib. nigris. 4ᵃ — 9ᵃ basi albis ;
tectricib. albis ; apice albis. (Eversm. l. c.)*

HABITAT. — Altaï mérid. près de la frontière chinoise à Tschuja.
(Eversm. *l. c.*).

excepté vers son quart terminal ; 2ᵉ ext. de même, avec ses barbes int. noires jusqu'à la moitié de leur longueur, cette couleur descendant plus bas du côté int. et étant pénétrée par le blanc assez près de sa baguette ; 3ᵉ ext. noire sur les trois quarts de sa longueur et sur ses deux barbes, couleur qui descend obliquement sur le bord int., tout près de l'extrémité ; 4ᵉ ext. noire, terminée par une tache blanche, oblique de dehors en dedans ; 5ᵉ ext. avec tache blanche plus petite ; les 2 médianes terminées par une très petite tache blanche. Lorums, tour des yeux et une longue moustache noire naissant de la base du bec et s'étendant sur la région parot. jusqu'à son extrémité. Joues et dessous du corps, blancs. Bec et pieds noirs. Iris brun. Long. tot. 0ᵐ,23. Bec 0ᵐ,016. Aile 0ᵐ,112. Queue 0ᵐ,115. Tarse 0ᵐ,03.

Lanius Homeyeri. Cabau. *J. f. O.* p. 75. (1873).
L. leucopterus excubitor. Seebohm, *Ibis.* p. 421. (1882).
L. Homeyeri. Gadow, *Cat. B. Brit. M.* VIII. p. 242. (1883).
L. Homeyeri. J. Csato, *Zeitschr. f. O.* p. 229. pl. XI. (1884).

Se distingue de L. excubitor. L. *par une plus grande étendue des deux miroirs blancs, plus de blanc sur les* Rectr. *Front et sourcils blancs. Croupion d'un blanc plus ou moins pur.*

« Cette Forme se trouve accidentellement dans le Cau-
« case, elle est intermédiaire entre *L. excubitor* et *L.*
« *leucopterus.* Elle devrait se nommer *L. excubitor leu-*
« *copterus...* La bande frontale est grise (tandis qu'elle
« est noire dans la première, et blanche dans la seconde).
« Chez *L. excubitor,* le croupion et les Suscaud. sont

Femelle. — Taille un peu plus petite. Teintes un peu plus foncées en dessous. D'un blanc grisâtre avec de petits croissants gris peu visibles.

Jeune. — Parties supér. d'un gris lavé d'un peu de roussâtre. Le blanc des Scapul. est indiqué par une teinte claire lavée de roussâtre. Plumes des ailes lavées de rous-

---

« gris. Chez la Forme intermédiaire, le croupion est
« blanc et les Suscaud. grises, tandis que chez *L. leuco-*
« *plerus*, ces parties sont blanches. Le blanc des prim.
« et des second. à leur base et à la base de la queue est
« beaucoup plus étendu chez l'oiseau du Caucase que chez
« *L. excubitor* et beaucoup moins que chez *L. leucopte-*
« *rus*. » (Seebohm, *Ibis*. p. 14. 1883). Voyez : Seebohm,
Ibis p. 184. 1880.

Habitat. — Volga. Crimée. (Caban.). Turquestan (J. Scully. *Str. Feath.* p. 36. 1876).

Propagation. — *Œufs* d'un gris violet transparent et d'un brun clair, sur un fond tirant un peu au jaune d'ocre blanchâtre. $0^m,026$ sur $0^m,0185$. (Caban).

Voyez : Csato (Joh. v.). *Lanius Homeyeri.* Cab. bei Nagy Enged brütend. (*Die Schwalbe*, p. 241. 1889).

Ueber *Lanius Homeyeri* und sein Nest (*Ornith. Jahrb.* p. 163. 1890).

Lanius leucopterus. Seebohm, *Ibis*. p. 421. (1882). Nec Brehm.
L. Przewalskii. Bogdanow, *Russian Shrik.* p. 147 (1881).
L. leucopterus. Seebohm, *Cat. B. Br. M.* VIII. p. 242. (1883).

Plus pâle que L. excubitor. *Front et un large sourcil blancs, ainsi que le croupion et les Suscaud. et le tiers basal des Rectr. Les 3 Rectr. ext. blanches. Ailes blanches à la base des primaires et des second. sur les* 2/3 *de leur longueur; de sorte que les deux miroirs*

sâtre, terminées par des bordures blanches. Moustaches d'un noir grisâtre. Parties infér. d'un blanc grisâtre surtout sur les flancs. Poitrine lavée de roussâtre, avec des ondulations grisâtres peu apparentes, qui se voient aussi sur les flancs.

Variété. — *Décoloration*. v. Tschusi zu Schmidhoffen *(Mitthlgn. orn. Ver. Wien. p. 59. 1885).*

---

blancs paraissent confluents. Sur les barbes int. des second., le blanc est encore plus développé que sur les barbes ext. Sur quelques plumes les barbes int. sont d'un blanc pur, ce qui n'existe jamais chez le L. Homeyeri. Tout le dessus du corps d'un blanc pur sans lignes ondulées. ♂ Bec 0,95 inch. Aile 4,7. Queue 4,5. Tarse 1,2. (Seebohm, l. c.)

LANIUS SPHENOCERCUS. Caban, *J. f. O.* p. 75. (1873).
Lanius major. Swinh. *P. Z. S.* p. 375. (1871).
L. sphenocercus. Taczan. *Bull. Soc. d. Fr.* p. 165. (1876).
L. sphenocercus. Schalow. *J. f. O.* p. 215. (1876).
L. sphenocercus. David et Oust., *Ois. Chine.* p. 92. pl. 76. (1877).
L. sphenocercus. H. Gadow, *Cat. B. Br. Mus.* VIII. p. 242. (1883).

Sphenocercus, de σφήν, *coin*, et de κέρκος, *queue.*

Blanc de l'aile très étendu. Les 3 Rectr. ext. de chaque côté d'un blanc pur ; la 4ᵉ presque entièrement de cette couleur. Rectr. la plus ext. ayant sa tige d'un blanc pur, tandis que celle des 2ᵉ, 3ᵉ et 4ᵉ est noire dans le milieu. Les 2 Rectr. médianes noires ont encore une bordure terminale blanche. Queue très longue, très étagée. Couvert. supér. de la queue grises. Long. de la queue 0ᵐ,150. (Cabanis).

Habitat. — Canton? (Cabanis).

Voyez v. Tschusi zu Schmidhoffen : *E. V. Homeyer's ornith. Briefe.* p. 28.

Habitat. — Pas observé en Norvège. De passage près de Stockholm. M. Sommerfelt en a trouvé un nid dans l'Ost-Finmark. (Meves). Norvège, R. (Stejneger). R. en Scanie. C. près de Götheborg. Upsal, C. (A. Mesch). Dalécarlie, R. (Lundb.). Gothland. (Wajlengr.). Qwickjock. (Löwenhj.). Laponie ; se rencontre isolément vers le 69° °. (Schrader). Finlande, R.

LANIUS BURRAH. Gray et Hardw. *Ill. Ind. Z.* II. pl. 32. (1832).

Lanius excubitor. *Var.* B. Lath. *Gen. Hist.* II. p. 7. (1822).
Collyrio lathora. Gray et Hardw, *Ill. Ind. Z.* II. pl. 31. (1830-1834).
Lanius minor. Rüpp, *N. Wirbelth.* p. 33. (1835).
L. lahtora. Gray, *Gen. B.* 1. p. 290. (1845).
L. lahtora. v. Heugl., *J. f. O.* p. 285. (1867).
L. lahtora. Beavan, *Ibis.* p. 310. (1870).
L. lahtora. Dresser et Sharpe, *P. Z. S.* p. 395. (1870).
L. lahtora. Dresser, *B. of Eur.* II. p. 381. pl. 146. (18..).
L. lahtora. David et Oust, *Ois. Chine.* p. 93. (1877).
L. lahtora. H. Gadow, *Cat. B. Br. M.* VIII. p. 252. (1883).

Tête, manteau et cou d'un gris pâle un peu plus pâle sur le croupion et les Suscaud. Scapul. grises à la base, les plus larges d'un blanc presque pur. Toutes les Couvert. al. d'un noir profond, excepté les petites Couvert. qui sont largement bordées de gris. Primaires d'un blanc pur sur la moitié basale de leurs barbes int. et ext. ; le reste noir. Les 2 ou 3 second. int. d'un noir profond, terminées de blanc ; toutes les autres étant blanches et noires, le tiers terminal de leurs barbes ext. étant largement bordé de blanc, et offrant de grandes taches terminales de cette couleur, tandis que les barbes int. sont presque entièrement blanches, le noir se trouvant réduit à un espace étroit le long de la baguette ; les 2 Rectr. méd. entièrement noires, leur extrémité offrant seule une tache blanche étroite ; les 2 Rectr.

(M. v. Wright). Transylvanie, niche. (J. Csato, *(Mitthlgn. orn. Ver. Wien*, p. 202. 1883). Courlande. (Hummel). Livonie. (Seidlitz). Bords du Dniéper, C. en Été. (Radde). Sarepta, niche. (Mœschler). Bulgarie. (O. Finsch). Gallicie. (Wodzicki). Allemagne, séd. (Bechst.). Silésie, pas C. (Gloger). Thuringe orient., pas R. (Th. Lièbe, J. *f. O.* p. 54. 1878). Bavière, pas R. (Koch). Styrie, surtout en Hiv. (Seidensacher). Suisse. C. près de Berne. (Meisner et Schinz). Canton de Fribourg. (L. O.-G.). Genève. (Fatio). Belgique, séd. Ass. C. près de Namur. (de Sélys). Hollande. (Schleg.). Angleterre, Acc. (Macgill.). Alsace, séd. Kroener). Lorraine, C. (Godron). Seine-Inf. (Lemetteil). Jura, C. (Ogérien). Côte-d'Or, séd. (Marchant). Savoie, séd. Pas C. (Bailly). Environs de Lyon, niche. (L. O.-G.). Dauphiné. (Bouteille). Loiret, de passage (Nouel). Eure-et-Loir, C. (Marchant). C. près de Saumur. (Vincelot). Sarthe, séd. (Gentil). Manche, pas C. (Le Mennicier). Morbihan, R. R. (Taslé). Loire-Inf. Pas C. (Blandin). (Charente-Inf. Ass. C séd. (Beltrém.). Charente, pas C. (de Rochebrune). Allier. Ass. C. (Olivier), C. Indre, séd. Ass. R. (R. Martin). Basses-Pyrénées. Landes, Gironde, pas C. (Dubalen). Haute-Loire. C. près du Puy-en-Velay. (Moussier). Gard, pas C. (Crespon). Haute-Garonne. Aude, Ariège, Gers, Hérault, Hautes-Pyrénées, Tarn, Tarn-et-Garonne, Pyrénées-orient. Lacroix). Cyclades, de pass. (Erhard). Province de Gerona. (Vayreda). Péloponèse, îles de l'Archipel, de pass. au Print. et en Aut. Pas observé en Roumélie. (Linderm.). Ass. C. près de Palerme. Syracuse. R. à Messine. (Malh.). Sardaigne, Acc. (Cara). Malte, très Acc. (C. A. Wright).

---

ext. blanches, *mais à baguettes noires. Les autres Rectr. blanches à la base, largement bordées de blanc en dehors et terminées de cette couleur. Une ligne d'un noir profond très distincte couvre le front, s'étend sur les lorums et entoure l'œil, passant au dessus des Couvert. auricul. pour aller sur les côtés du cou en arrière. Au dessus du trait sourcilier noir est une ligne blanche peu distincte. Tout le dessous du corps, en y comprenant les couvert. du dessous des ailes, les bords des ailes et les cuisses, d'un blanc pur. (D'apr. Gadow).*

Habitat. — Inde. Afghanistan. Madras. (Gadow). Deux fois par an de pass. à Pékin. (A. David).

N. de l'Afrique. (J. W. v. Müller). Tanger, R. R. (Carstens.). Fuertaventura, Canaries, C. (Bolle). Egypte, R. (E. C. Taylor).
Candahar, C. (T. Hutton).

Mœurs. — « Si cette *Pie-grièche* avait les jambes fortes et muscu
« leuses et les ongles acérés comme les véritables *oiseaux de proie*, elle
« serait très dangereuse pour les autres oiseaux. Son courage et son
« intrépidité la font respecter des premiers. Elle met en fuite des *Fau-*

LANIUS LEUCOPYGUS. Hempr. et Ehrenb. *Symb. phys.* I. fol. d e. (1828).

Lanius pallens. Cassin, *Journ. Ac. Nat. Sc. Philad.* p. 258. pl. 23.
    f. 2. (1850-1854). — Id. *Proc. Ac. nat. Sc. Philad.* p. 245. (1851).
Lanius dealbatus. de Filipi, *R. Z.* p. 289. (1853). *Nec Bp.*
L. orbitalis. Licht, *Nomencl.* p. 12. (1854).
L. leuconotus. Brehm, *J. f. O.* p. 147. (1854). p. 78. (1857).
L. dealbatus. Tristram, *Ibis.* p. 483. (1859).
?L. dealbatus. Chambers, *Ibis.* p. 102. (1867).
L. dealbatus. Salvadori, *Atti de. Tor.* 9 Fébr. (1868).
L. pallens. Finsch. et Hartl. *O. Afr.* p. 359. (1869).
Collyrio pallens. G. R. Gr. *Handl. B.* I. p. 391. (1869).
Lanius orbitalis. v. Heugl. *O. Afr.* I. p. 484. (1870).
L. leucopygus. Bogdan. *Russian Shrikes.* p. 169. (1881).
L. dealbatus. H. Gadow, *Cat. B. Brit. Mus.* VIII. p. 250. pl. VI.
    (1883).

Queue allongée; la Rectr. la plus ext. de chaque côté entièrement blanche, même le long de la baguette. Bec court et noir. Une bandelette de cette couleur, mais très étroite, existe sur le front. Teintes encore plus pâles que celles de l'Espèce précédente. Croupion tout à fait blanc, ainsi que les parties infér. du corps, qui sont dépourvues de teinte rosée. (Bp. R. Z. 1857).

Brehm décrit ainsi son *L. Leuconotus :* Long. tot. 7″6‴ 2ᵉ Rectr. blanche, à baguette presque entièrement noire. Les 7 Rém. second. les plus ext. presque entièrement noires, terminées de blanc. Trait oculaire noir surmonté

« *cons* de forte taille qui s'avanturent sur son domaine ; elle avertit par
« un cri perçant *trui trui*, les petits oiseaux de se tenir sur leurs gardes,
« c'est ce qui lui a valu le nom de *sentinelle, excubitor*. Sa manière de

---

d'un trait blanc étroit. Croupion blanc. (Brehm, *J. f. O.*
p. 148. 1854).

Habitat. — Se rencontre dans des pays plus méridionaux et plus orien-
taux que l'Espèce précédente. (Bp.). Sennaar en Hiv. Charthum. (Brehm).

LANIUS PALLIDUS. De Filippi, *R. Z.* p. 433. (1853).

Lanius pallidirostris. Cassin, Proc. *Ac. Philad.* p. 244. (1851). *p.*
L. aucheri. Bp. *R. Z.* p. 433. (1853).
L. pallidus. Brehm, *J. f. O.* p. 146. 1854. — *Vogelf.* p. 83. (1855).
  — *Naumannia.* p. 275. (1855).
L. pallidirostris. v. Heugl., *O. Afr.* p. 482 (1870).
L. pallidirostris. Sharpe et Dresser. *P. Z. S.* p. 598. (1870).
?L. dealbatus. Finsch et Hartl , *O. Afr.* p. 866. (1870).
L. lahtorah. v. Heugl., *O. Afr.* I. p. 483. (1870).
L. pallidirostris. Sevettz, *J. f. O.* p. 345. (1873).
L. fallax. Finsch, *Tr. L. Soc.* VII. p. 249. pl. XXV. (1872).
L. pallidirostris. Salvad, *Att. Gén.* (1879). — *Ibis.* p. 104. (1879).
L. fallax. Gadow, *Cat. B. Br. Mus.* VIII. p. 247. pl. VIII. (1883).

N.-B. — Toute cette synonymie est empruntée à M. Gadow, *l. c.*

*Se distingue des autres Espèces voisines par le gris
de la tête, du cou, du manteau et du dos, qui est pâle.
La moitié terminale des barbes ext. des Rém. second.
est bordée étroitement de blanc. La moitié basale de
leurs barbes int. est largement bordée de cette couleur.
Dessous du corps blanc.* — Jeunes. *Plus pâles que les
adultes. Dessus du corps lavé de couleur de tan. Dessous
du corps blanc. Lorums et front blancs. Couvert. auric.
Rém. et Rectr. bruns au lieu d'être noirs.* (D'après
Gadow).

Habitat. — Nubie. Abyssinie. Palestine. (Gadow).

« voler et la forme de sa queue lui ont aussi fait donner le nom de *Berg-*
« *elster*, *Pie de montagne*. Cet oiseau vole pas loin, ni en droite ligne,
« mais à peu de distance, et il monte et descend alternativement, à peu

---

Lanius antinori. Salvad. *Ann. Mus. Gen.* XI. (25 mai 1878).

Très voisin de L. pallidirostris.

Habitat. — Danakil. (Salvad.).

LANIUS ASSIMILIS, Brehm, *J. f. O.* p. 146. 1854 — *Vogelf.*
p. 83. (1855). — *Naumannia.* p. 275. (1855).

Lanius assimilis. Bogdanow, *Russ. Shrick.* p. 160. (1881).
L. assimilis. Gadow, *Cat. B Br. M.* VIII. p. 249. (1883).

Long. tot. 8″ 4‴; 2ᵉ Rectr. noire sur les barbes int.
vers le milieu de sa longueur. Les 7 Rém. second. les
plus ext. sont presque entièrement blanches sur leurs
barbes int. Le trait oculaire noir est encadré d'un large
trait blanc. Croupion gris clair. (Brehm, *l. c.* p. 148.)

Habitat. — Sennaar. Nil blanc. (Brehm). Amoor. Turquestan.
Penjab. Deccan. (Gadow).

LANIUS HEMILEUCURUS. Finsch et Hartl. *O.-Afr.*
p. 329. (1870).

Lanius dealbatus. Tristram, *Ibis* p. 433. (1859). — Loche, *Cat. Ois.*
Alg. p. 87. (18..). — Gurney, *Ibis.* p. 76. (1871).
Lanius hemileucurus. H. Gadow, *Cat. B. Br. Mus.* VIII. p. 249.
(1883).

N.-B — Cette synonymie, comme les précédentes, est empruntée à
M. Gadow.

Queue toujours de la même longueur que chez L. assimilis. *Barbes int. de la plupart des second. presque*

« près comme les *Pies*... Souvent on le voit papillonner dans l'air à la
« même place comme un *Oiseau de proie*, lorsqu'il remarque une proie
« par terre... Il se laisse facilement apprivoiser, qu'il soit pris vieux ou
« jeune, et dresser à la chasse. Il demeure avec nous l'Été comme l'Hiv.
« à l'époque de la reproduction, il vit dans les jardins, les bosquets, les

---

*entièrement blanches. Le noir est restreint à une large
tache subterminale. Ressemble beaucoup à L.* elegans,
*mais en diffère en ce qu'elle n'a pas de blanc sur la
moitié basale des barbes ext. des second. L.* hemileucurus
ne serait qu'une race occid. plus foncée que L. assimilis.
(Gadow).

Habitat. — Tunis. Cordofan. (Gadow).

Lanius Grimmi. Bogdanow, *Russian Shrikes.* p. 151. pl. 4. (1881).
L. grimmi. Gadow, *Cat. B. Br. Mus.* VIII. p. 250. (1881).

*Dessus du corps d'un gris très pâle lavé de teinte
isabelle. Lorums blancs, sans tache foncée au devant
de l'œil. Bas du croupion et Suscaud. d'un blanc isabelle. Scapul. blanches. Souscaud. blanches. Le reste
du dessous du corps blanc teinté de rose.* (Gadow).

Habitat. — Turquestan. Belutschistan. (Gadow).

Lanius Raddei. Dresser, *P. Z. S.* p. 291. (1888). *Ibis.* p. 89. (1889).

*Diminutif de la Pie grièche grise. Dos lavé de gris
brunâtre. Flancs d'un fauve pâle. Long. tot.* 6,75.
(D'apr. Dresser, *l. c.)*

Habitat. — Kukulais (obtenu le 14 août 1888). Région transcaspienne
(Dresser).

« taillis; se tient sur les arbres isolés qui se trouvent dans les endroits
« découverts... » (Bechst.).

Nourriture. — Souris des champs, petits oiseaux, qu'il déchire en
morceaux pour les avaler. Gros scarabées, sauterelles, grillons, lézards,
orvets. (Bechst.).

Propagation. — *Nid* placé tantôt sur la cime d'un arbrisseau, tantôt
sur un arbre élevé. Un nid recueilli dans le *Harz* était placé sur un sapin
à 15 pieds au-dessus du sol; il était plat; son diamètre mesurait 7″; sa
hauteur 3″; sa profondeur 1 11/2′. Il se composait extérieurement de
tiges vertes et de feuilles diverses, surtout celles de l'*Achillea millefolium*,
de la *Potentilla anserina*, d'un peu de mousse et de racines. Venaient
ensuite des tiges sèches et raides entrelacées ensemble. L'intérieur con-
tenait un lit de feuilles vertes, avec un peu de mousse et de laine.
(Thienem.).

Laponie. Niche jusque sous le 69e degré de lat. Nid placé sur un
bouleau, à 18′ de hauteur; composé extérieurement de racines déliées entre-
mêlées de mousse. (Schrader et Pässler).

Œufs (5-7) d'un blanc verdâtre sale, avec des taches d'un gris olivâtre
foncé, plus nombreuses vers le gros bout. 0ᵐ,627 sur 0ᵐ,02. (Degl. et
Gerbe).

Laponie. Œufs (7). Un exemplaire était plus gros que ceux que l'on
rencontre en Allemagne. D'autres au contraire étaient plus petits. Coloration ordinaire. (Schrader et Pässler. *J. f. O.* p. 243. 1853).

Thienemann, *Fortpflanzungsgeschichte*. p. 322. pl. XXXI. f. 1 et 2.
Bädecker, Pässler et Brehm, *D. Eier d. europ. Vög.* pl. 52. f. 1.

Brehm décrit *(Isis*, p. 243, 1845) sous le nom de *Lanius
Feldeggi* une *Pie grièche* dont on n'a plus reparlé et qui
mérite de fixer l'attention. Cet oiseau est intermédiaire
pour la taille au *Lanius spinitorquus* et au *L. minor*,
dont il offre le système de coloration. Queue noire, à bordures terminales blanches. Couvertures supér. des ailes
gris cendré, plumes axillaires blanches un peu teintées
de grisâtre. Flancs roussâtres. (C. L. Brehm d'après
deux sujets mâles tués en Mai 1884 à Eger, par M. le
baron v. Feldegg.)

2. LANIUS MERIDIONALIS. T. *Man.* p. 143. (1820).
— III. p. 80. (1835).

Lanius meridionalis. T. *Pl. col.* 143. (18..).
Collurio meridionalis. Vig.
Collyrio meridionalis. Werner. *Atl.* pl. 3. (1827).
Collurio meridionalis. Gould, *Eur* pl. 67. (1837).
Lanius meridionalis. Susemihl, *Vög. Eur.* pl. 115. (1839).
L. meridionalis. Sharpe et Dresser, *P. Z. S.* p. 594. (1870).
L. meridionalis. Saunders, *Ibis.* p. 206. (1871).
L. meridionalis. Dresser, *B. of Eur.* III. pl. 147. (1873).
L. meridionalis. H. Gadow, *Cat. B. Brit. Mus.* VIII. p. 246. (1883).

Dos d'un cendré foncé. Un petit miroir blanc sur l'aile. Un sourcil blanc. Parties infér. fortement teintées de rose. Iris brun. Bec et pieds noirs. Long. tot. 0^m,25.

Parties supér. d'un cendré bleuâtre foncé. Scapul. blanches. Rém. prim. blanches à la base, d'où il résulte sur l'aile repliée une tache quadrilatère à bords supér. et

---

LANIUS ALGERIENSIS. Less. *R. Z.* p. 34. (1839).

Lanius meridionalis. Malh. *Cat. Ois. Alg.* p. 19. (1846).
L. algeriensis. Tristr. *Ibis.* p. 159. (1859).
L. meridionalis. Drake, *Ibis.* p. 125. (1867).
Collyrio algeriensis. G. R. Gr. *Handl. B.* I. p. 390. (1869).
Lanius algeriensis. Loche, *Cat. Ois. Alg.* p. 86. (1859).
L. algeriensis. v. Heugl. *O. Afr.* p. 47. (1870).
L. algeriensis. Dresser, *B. of Eur.* III. pl. 148. p. 391. (1873).
L. algeriensis. H. Gadow, *Cat. B. Brit. Mus.* VIII. p. 244. (1883).

Cinereo plumbeus. Capite obscuriore, capistro nigro. Superciliis concoloribus. Subtus cinereus. Speculo alari unico, circumscripto, cauda elongata. Rectricibus angustioribus, externis dimidiato albis. Rostro robusto. (Bp. *R. Z.* p. 272. 1853).

infér. découpés. Rém. largement terminées de blanc.
Queue noire en grande partie : 1re Rectr. ext. blanche,
avec la baguette noire jusqu'au delà des trois quarts de sa
longueur et accompagnée d'un large trait noir empiétant
sur les deux barbes vers la base ; 2e ext. noire sur les
barbes int. jusqu'au delà de la moitié de sa longueur ;
baguette noire jusque près de la pointe ; le reste blanc,
cette couleur remontant en s'arrondissant sur le bas du
noir des barbes int. ; 3e Rectr. ext. blanche à son extrémité, mais le noir descendant un peu plus bas sur le bord
ext. ; 4e ext. terminée par une tache blanche ; les autres
Rectr. entièrement noires. Lorums, tour des yeux et une
large moustache s'étendant jusqu'au delà de la région
parot., noirs. Gorge et bas des joues blancs. Un trait
étroit naissant de la base du bec remonte sur les yeux.
Parties infér. d'un gris blanc teinté de rose. Souscaud.
blanches. Long. tot. 0^m,225. Bec 0^m,017. Aile 0^m,102.
Queue 0^m,103. Tarse 0^m,03.

Femelle. — Teintes plus foncées. Parties infér. avec
des ondulations foncées.

Jeune. — Parties supér. d'un cendré foncé terne un
peu lavé de roussâtre. Pas de blanc aux Scapul. Moustaches d'un noir terne. Gorge blanchâtre. Parties infér.
d'un blanc grisâtre terne surtout aux flancs, et lavées de
rose terne sur la poitrine et l'épigastre.

Habitat. — Capturé en Alsace. *(Sitzungsber. Ver. f. Naturic.
Braunschw.* 15 oct. 1885. — *Mitthlgn. orn. Ver. Wien.* p. 166. (1886).
Afrique sept. (Bp.). C. à Tunis, Souza et autres contrées de la Régence.
(O. Salvin). Lac Fezzara, C. C. (Taczanowski). C. C. au Scherg, au Cor-
dofan. *L. algeriensis* ou autre Espèce voisine). (v. Heugl.).

N. B. — Le Prof. Blasius était disposé à regarder cet oiseau comme une Variété locale de *L. excubitor*. Les *Jeunes* qu'il s'était procuré en Sicile ne différaient pas de ceux de cette dernière Espèce. Les individus plus foncés en couleur provenaient de l'Algérie. Cependant, on y trouve, d'après cet auteur, des exemplaires à teintes moins foncées que ceux de la Sicile.

HABITAT. — Bords du Dniéper. Été. (Radde). Loiret, R. R. (Nouel). Bas-Dauphiné. (Bouteille). Pau, R. R. (Dubalen). Gard. (Crespon). Haute-Garonne, Mai-Sept. Ariège, Gers, Aut. Hérault, séd. Tarn, R. R. Pyrénées-orient.., séd. et de pass. (Lacroix). Capturé près de Behobie. (L. O. G.). Province de Gerona. (Vayreda). De pass. en Galice, R. (Don Francisco). Andalousie, Print. (Machado). Murcie, pas C. (Guirao). Espagne mérid. et autre jusque vers l'Aragon. (Saunders). Portugal. (E. Rey). Grèce, R. Niche dans les îles du Péloponèse; arrive dans les derniers jours d'Avr. (Linderm.). Corfou. (T. Powys). Cyclades, Été. (Erhard). Sicile, Acc. (Malh.) Malte, R. (C. A. Wright).

Algérie. (Loche). Versant septentr. de l'Atlas. (O. Salvin). Tanger. (Carstens.) N. E. de l'Afrique jusqu'au Sennaar. (J. W. v. Müller).

MŒURS. — *Gard*. sédentaire. « C'est dans les bois, sur le penchant des « collines, les endroits pierreux et arides que se plaît d'habiter cette « Espèce. Je ne l'ai point observée dans les plaines cultivées, et je ne pense « pas qu'elle y séjourne longtemps si elle s'y montre. Le vol de la *Pie-« grièche méridionale* est ordinairement bas; elle semble raser la terre, « et ne prend de l'élévation qu'au moment où elle veut se percher à « l'extrémité des petites branches des arbres, surtout sur celles qui sont « défeuillées. C'est de là qu'elle veille à sa conservation; car dès qu'elle « aperçoit le moindre danger, elle se hâte de fuir. Son cri ordinaire est : « *brrci brrci*; mais elle contrefait parfaitement le ramage de plusieurs « oiseaux. Audacieuse et cruelle à l'excès, cette Espèce fait une grande « destruction de petits oiseaux. Je l'ai vu dans le bois de Campagnole en « emporter un qu'elle tenait à son bec... » (Crespon).

PROPAGATION. — *Gard*. Niche dans les gros buissons des pays montueux. Nid très épais, formé de brins d'immortelles sauvages et de graminées à l'extérieur, garni intérieurement avec de la laine et du crin. (Crespon).

Andalousie. Nid vaste; son diamètre int. mesurant cinq niches; lorsqu'il est placé sur un rameau, la moitié infér. est formée avec de la boue, et le reste avec de grosses herbes liées ensemble avec des tiges minces; le tout couvert extérieurement de Lichens et de brins d'une Espèce de *Scleranthus*. (H. Irby, *Straits of Gibraltar*. p. 105-106).

Grèce. Nid placé de préférence sur des oliviers, construit avec des tiges encore vertes, garni intérieurement de laine et de crins. (Linderm.).

Œufs. *Grèce*. D'un blanc sale ou rougeâtre, avec un grand nombre de taches petites et grosses, grises, brunes et rougeâtres. (Linderm.).

Œufs (5-6) d'un gris sale ou d'un gris roussâtre, avec de petites taches nombreuses et rapprochées, roussâtres, brunes et grises. 0^m,024 0^m,018. (Degl. et Gerbe).

Thienemann, *Fortpflanzungsgeschichte*. p. 323. pl. XXXI. f. 3. a-b.

Bädecker, Pässler et Brehm. *Die Eier d. europ. Vög.* pl. 52. f. 3.

---

3. LANIUS MINOR. Gm. *Syst.* p. 308. (1788).

Velia generia messana. ** *Stor. degli Ucc.* I. p. 54. (1767).
La Pie-grièche d'Italie. B. *Ois.* I. p. 298. (1770). — Id. *enl* 32. f. 1.
LANIUS ITALICUS. Lath. *Ind.* I. p. 71. (1790).
Lesser Grey Shrike. Penn. *Arct. Zool.* II. p. 282. (1792).
LANIUS VIGIL. Pall. *Zoogr.* I. p. 403. (1811).
LANIUS FLAVESCENS. Hempr. et Ehreub. *Symb. phys.* I. fol. 2. (1828).
L. MINOR, PINETORUM, NIGRIFRONS, EXIMIUS ET GRŒCUS *(qui a les deux rectr. ext. entièrement blanches).* Brehm, *Handb.* p. 235-236. (1831).
 •— Id. *Vogelf:* p. 83-84 (1855).
COLLURIO MINOR. Gould, *Eur.* pl. 68. (1837).

? ———   ———

LANIUS MINOR. V. Heugl. *J. f. O.* p. 195. (1861).

MÂLE. — *Rostro brevi, cauda cuneata, Rectricibus 2 externis mediis 6″ brevioribus. Remigum 3ª longissima. Supra cinereus, fronte, regione ophthalmica et parotica lorisque nigris; speculo alari albo, Remigibus cubitalibus apice albo marginatis; Rectricibus 2 exterioribus albis, 2ª pogonio interno macula ovali nigra; 3ª dimidio basali et apice. 4ª basi et macula rotunda anteapicali nigra; subalaribus albis ex parte fuliginoso*

Lanius minor, pinetorum. medius; nigrifrons et eximius. Brehm, *Isis.*
p. 652. (1842).
Lanius minor. Brehm, *Isis.* p. 814. (1845).
L. longipennis. Blyth. *J. A. S. XV.* p. 300. (1846).
Enneoctonus minor. Blyth, *Cat. Mus. As. Soc.* p. 193. (1849).
Enn. minor. Caban, *Mus. H. I.* p. 73. (1850).
Enn. nigrifrons. Dubois, *Ois. Belg.* pl. 42. (1851).
Enn. italicus. Bp. *R. Z.* p. 438. (1853).
Lanius roseus. Bailly, *Orn. Savoie.* II. p. 25. (1853).
L. minor. pinetorum, nigrifrons, eximius et græcus. Brehm, *Naumannia.* p. 276. (1855).
Enneoctonus minor, Gadow, *Cat. B. Brit. Mus.* VIII. p. 235. (1883).

Femelle. — Teintes moins pures.

Jeune. — Parties supér. d'un gris cendré, linéolé transversalement de barres ondulées gris foncé ; chacune de ces barres étant précédée sur la tête et le bas du manteau d'une barre blanchâtre. Rém. comme chez l'adulte, mais d'un noir un peu brunâtre. Petites Tectr. Supraal. finement bordées de blanc à l'extrémité. Rém. terminées par une bordure gris blanc. Noir de la queue brunâtre, moiré de bandes transversales plus foncées. Moustaches et un croissant au devant des yeux d'un noir terne. Parties infér. blanches, avec le rose de la poitrine très faiblement indiqué. Flancs linéolés d'ondulations grisâtres.

---

tinctis. Gastræo albo, hypochondriis et lateribus colli vinaceo griseis. Rostro nigro, dimidio basali mandibulæ flavo. Pedibus nigricantibus. — **Femelle.** *Coloribus minus distinctis, plumis frontis albido limbatis, nigredine plus minusve fuliginoso. Long. tot. circa 7 1/2". Rostr. a front 6,7'''. Al. 4,4". Tars. 11'''. Caud. 3" 4'''.*
(voy. v. Heugl.)

Habitat. — Suez. (v. Heugl.).

— 24 —

N. B. — Les sujets de la *Perse* et de l'*Inde* ne diffè
rent pas de ceux d'Europe. Ceux de l'*Afrique occid.* ont
la base de la Mandib. infér. blanchâtre et un peu moins
de noir sur les Rectr. (Bp. *R. Z.* p. 438. 1853).

HABITAT. — Suède, R. R. (Nilss.). Livonie. (Seidlitz). Russie mérid
Volga. (Pall.). Saliane, sur les bords du Kour. (Ménétr.). Bulgarie.
(O. Finsch). Allemagne, de pass. (Bechst.) Silésie, C. en Été. (Gloger)·
Nieder Hessen. (V. Berlepsch, *J. f. O.* p. 380. 1876). Thuringe orient.,
devient plus R. (Th. Liebe, *J. f. O.* p. 54. 1878). Franconie. (Koch).
Tyrol. (Althammer). Suisse, R. R. (Meisner et Schinz). Genève. (Fatio).
Alsace, d'Avr. à Sept. (Kroener). Lorraine, R. (Godron). Jura, Ass. R.
(Ogérien). Côte d'Or. R. R. (Marchant). Savoie. pas C. (Bailly). Envi-
rons de Lyon, pas R. Niche. Le Puy-en-Velay. (L O.-G.) Angleterre,
R. (Yarrell). Loiret, Acc. R. (Nouel). Eure-et-Loir. (Marchand). Indre,
15 Avr. à Oct. (R. Martin). Sarthe, R. (Gentil). Loire-Inf., R. R. (Blan-
din). Charente-Inf., Ass. C. (de Rochebrune). Bas-Dauphiné. (Bouteille).
Haute-Loire, Ass. R. (Moussier). Gard, d'Avr. à Sept. (Crespon). Oléron,
Gironde, R. R. (Dubalen). Haute-Garonne, Mai-Sept. R. Aude, Ariége,
Gers, R. Hérault, Avr. à Sept. Hautes-Pyrénées. Acc. Tarn, Tarn-et-
Garonne, Pyrénées-orient. R. R. (H. Irby). Grèce, arrive en grand
nombre vers le milieu d'Avr. (Linderm.). Cyclades. (Erhard). Niche très
rarement à Naxos. (Krüper). Corfou. Été. (T. Powys). Ass. R. près de
Messine; C. dans le reste de la Sicile (Malh.). Sardaigne, de pass. (Cara).
Malte. R. R. (C. A. Wright). Belgique, R. R. (Dubois).

N. E. de l'Afrique jusqu'au Sennaar et en Abyssinie. (J. W. v. Müller).
Jaffa. (Tristram). Smyrne. (v. Gonzenb.). Turquestan. (Severtz).

MŒURS. — *Gard.* « Les bords des chemins, les lisières des bois, les
« avenues, les parcs et les jardins des habitations rurales, enfin les
« champs cultivés où se trouvent des arbres de haute futaie, sont les
« endroits qu'elle recherche pour y établir sa demeure tout le temps qu'elle
« doit rester parmi nous. Ces oiseaux ont l'habitude de chercher leur
« nourriture en volant. On les voit souvent planer au-dessus des luzernes
« ou des prairies, puis se rabattre tout à coup à terre. Le cri de la *Pie-*
« *grièche à poitrine rose* est aigre; il semble exprimer *mrry mrry*
« *fit-cui fit-cui* Elle est plus confiante que l'Espèce précédente. recherche
« la société de ses semblables. On voit souvent ces *Pies-grièches* se
« poursuivre, puis se poser toutes ensemble sur l'extrémité du même
« arbre. Leur vol est souple, élevé et soutenu. » (Crespon).

NOURRITURE. — Scarbées, souris, grillons, sauterelles, rarement de
petits oiseaux. (Bailly).

PROPAGATION. — *Nid* composé de racines sèches, de paille, de foin, quelquefois d'herbes vertes. Intérieur garni de racines déliées, de brins de paille, de laine, de crin et de plumes. (Thienemann).

Grèce. Nid composé de tiges de *Gnaphalium dioicum* avec les feuilles et les fleurs. Intérieur garni de laine. Placé sur des oliviers à une médiocre hauteur. (Linderm.). ·

Œufs. (5-6) obtus, le plus ordinairement verdâtres, avec des taches d'un gris violet et d'autres taches olivâtres, plus nombreuses au gros bout. 0m,025 sur 0m,017. (Degl. et Gerbe).

Grèce. Œufs. (5-6) d'un vert pâle, avec des taches d'un gris violet ou olive, qui se réunissent en formant une couronne vers le gros bout. (Linderm.).

N.-B. — Les *œufs* presque dépourvus de taches proviennent de jeunes individus. (J. Hocker, *J. f. O.* p. 464. 1871).

Thienemann, *Fortpflanzungsgeschichte.* pl. XXXI. f. 4. a-d.
Bädecker, Pässler et Brehm, *Die Eier d. europ. Vög.* pl. 52. f. 4.

GENUS II. *ENNEOCTONUS.* Boie, *Isis.* p. 973. (1826).

PHONEUS. p. Kaup, *Nat. Syst.* (1829).
CULLURIO. p. Id. *Ibid.*

Enneoctonus, est la traduction du mot allemand *Neuntödter* donné à l'*Écorcheur.* « Les noms allemands *Thorntraher, Thornkretzer* répon-
« dent aux mots latins *Torquispinus* ou *Spinilanius.* Les oiseleurs
« disent que ces oiseaux embrochent aux épines des buissons les insectes
« qu'ils ont pris, et les tuent en les faisant tourner tout autour, qu'ils
« agissent de même à l'égard des petits oiseaux, puis qu'ils les déchirent
« avec leur bec et les dévorent. Les Westphaliens, les Hessois et les Thu-
« ringiens les appellent *Nüntoder, Nünmorder,* c'est-à-dire *Enneoc-*
« *tonus,* parce qu'ils s'imaginent que chaque jour ces *Pies-grièches* tuent
« neuf oiseaux différents. » (Aldrovande).
Enneoctonus, de ἐννέα, *neuf,* et de κτόνος, *meurtre.*
Phoneus, de φόνος, *meurtre.*
Collurio, voyez plus haut.

Bec court et relativement comprimé. Narines presque découvertes. 1re Rém. très courte ; 3e la plus longue ; 2e < 5e. Queue relativement étroite, assez longue, peu étagée. Du roux dans le plumage. Sexes différents.

4. ENNEOCTONUS COLLURIO. Boie, *Isis*. p. 973. (1826).

Lanius collurio. L. *Syst*. p. 94. (1758).
Kleiner bunter Wrankengel. Klein. *Verb. Hist. d. Vög*. p. 52. (1760).
Collurio. Br. *Orn*. II p. 151. (1760).
Velia rossa minor. ** *Stor. degli Ucc*. p. 149. (1767).
Lanius minor rufus. Salerne. *Orn*. p. 28. (1767).
La Pie-grièche écorcheur. B. *Ois*. p. 304. pl. 21. (1770). — *La Pie-grièche rousse femelle*. Id. enl. 31. f. 2 ♂. f. 1. ♀.
Red-Backed Shrike. Lath. *Gen. Syn*. 1. p. 167. (1783).
Lanius spinitorquus. Bechst. *Naturg. Deutschl*. II. p. 392 (1791).
L'Écorcheur. Levaill. *Afr*. pl. 61. f. 1 et 2. (1799).
Lanius collurio, spinitorquus et dumetorum. Brehm, *Isis*. p. 1275. (1828) — *Handb*. p. 233-234. (1831). — *Vogelf*. p. 83. (1855). — *Naumannia*. p. 275 (1855).
L. Collurio. Gould, *Eur*. pl. 69. (1837).
L. collurio. Brehm, *Isis*. p. 665. (1842).
L. tenuirostris, dumetorum, gracilis et brachyueros. Brehm, *Isis*. p. 665. (1842).
?Lanius anderssoni. Strickl. et Sclat. *Contr. orn*. p. 145. (1852).
L. collurio. Dresser, *B. of Eur*. III. pl. 150. p. 399. (187.).
L. collurio. H. Gadow, *Cat. B. Brit. Mus*. VIII. p. 286. (1883).

Norvégien : *Rödrygget Tornskade*. (Stejneger).
Suédois : *Tornskata*. (Nilss.).
Allemand : *Dorntreter. Kleiner bunter Würger. Mandelbrauner Milwürger. Blauköpfiger Würger. Kleiner bunter Warkengel. Dorndrechsler. Rothgrauer kleinster Würger. Schäckiger Würger. Singender Rohrerrangel. Singender Rohrwürger. Grosser Dornreich. Dornheher. Dorngreuel*. Thuringe, *Kleiner Neuntöder*.
Hollandais : *Graauwe Klaauwer. Schatankster. Negendooder*.
Groningue : *Bruine Doorndraaijer. Roode Tuinvalk*. (Schleg.).

Le gris et le roux sont plus prononcés que chez l'Espèce d'Europe, et contrastent bien davantage, surtout parce que le roux du dos est plus circonscrit. Bec absolument de même. (Bp.)

Habitat. — Perse. (Bp.).

Anglais : *Butcher-Bird. Adder-Bird.* (Charleton). *Lesser Butcher Bird.* (Willughby).

Français : *L'Écorcheur* (B.).

Seine-Inf. : *Bâtard-gai. Embrocheur. Aguchette.* (Lemetteil).

Savoie : *Renégat. Renega. Matagasse.* (Bailly).

Gard : *Tarnagos dei picho.* (Crespon).

Morbihan : *Pik-spern.* (Taslé).

Italien : *Averal piccola.* (Savi).

Sicile : *Tistazza nica.* (L. Benoît).

Sardaigne : *Passariargia.* (Cara).

Castillan : *Desollador. Verdugo.* Catalan, *Capsgrany. Gurrer.* (Vayreda).

MÂLE. — *Dessous de la tête, derrière du cou et croupion, cendrés. Dos et Scapul. roux. Un trait noir sur le front et un autre de même couleur traversant l'œil. Queue blanche à la base, noire à l'extrémité. Dessous du corps blanc teinté de rose. Long. tot. 0ᵐ,17. —* FEMELLE. *D'un gris brun. Manteau roussâtre. Rém. et Rectr. brunes. Dessous du corps blanchâtre avec des croissants gris noirâtre. —* JEUNE. *Ressemble à la Femelle. Des lignes transversales foncées sur le dos.*

MÂLE. — Dessus de la tête et du cou gris bleu cendré. Sur le front se trouve un petit bandeau noir qui occupe les lorums, envoie un croissant et un cercle autour des yeux, s'étend en dessous et en arrière pour couvrir la région parot. derrière laquelle cette sorte de moustache s'arrête. Manteau et Scapul. d'un brun roux rougeâtre. Tectr. supraal. brunes, largement bordées de brun roux. Rém. de même, plus étroitement liserées de cette couleur. Bas du dos et Scapul. gris cendré bleuâtre. Rectr. en grande partie d'un brun noir ; la 1ʳᵉ ext. liserée de blanc en dehors jusque près de son extrémité, avec une grande tache noire qui occupe plus du quart terminal de la plume sur les deux barbes ; le reste des barbes int. blanc ; baguette noire ; 2ᵉ et 3ᵉ Rectr. ext. de même, mais le liseré blanc ext. est moins prolongé ; les suivantes entièrement d'un brun noir. Parties infér. blanches. Poitrine, épigastre et flancs lavés de rose. Bec noir. Pieds brunâtres. Iris brun. Long. tot. 0ᵐ,17. Bec 0ᵐ.015. Aile 0ᵐ,098. Queue 0ᵐ,087. Tarse 0ᵐ,024.

FEMELLE. — Base du bec blanchâtre. Dessus de la tête jusqu'à l'occiput d'un roux brunâtre, avec des bordures plus foncées peu distinctes. Dessus du cou gris brunâtre lavé de roux, teinte qui devient de plus en plus marqués vers le manteau et les Scapul., dont les plumes sont frangées de cette même teinte, mais un peu plus foncée. Tectr. Supraal. d'un brun roussâtre, à larges bordures rousses, qui les font paraître presque entièrement de cette couleur. Rém. brunes, liserées de roux ; les prim. étroitement, les second., largement. Prim. terminées par un étroit liseré blanchâtre. Queue en grande partie brun roux, moirée de bandes transversales peu visibles, quoique plus foncées 1ʳᵉ Rectr. ext. d'un brun roux clair, liserée de blanc à l'extérieur et à l'extrémité ; les suivantes, excepté les deux médianes, terminées par un liseré blanchâtre. Région parot. brun roux, traversée de bandes brunes. Lorums et joues gris blanc brunâtre, avec des croissants bruns. Parties infér. blanches. Côtés du cou un peu lavés de rousâtre, avec des croissants bruns. Poitrine et flancs lavés de jaunâtre, avec des croissants bruns larges et bien marqués.

JEUNE. — LANIUS COLLURIO VARIUS. Br. *Orn.* II. p. 155.
L. CASTANEUS. Risso, *H. N. Eur. mérid.* III. p. 33. (1826).

Ressemble à la Femelle, mais le roux des parties supér. est plus clair, et toutes les plumes portent au devant de leur extrémité un croissant ondulé brun. Tectr. Supraal. d'un roux terne, liserées d'une bordure fauve, qui est précédée d'une bande brune étroite, qui en suit les contours. Un petit trait blanc jaunâtre strié de brun derrière l'œil. Région parotique rousse, avec des stries brunes. Parties infér. d'un blanc lavé de roussâtre. Poitrine et flancs avec des croissants ondulés brun clair. Rectr. et Suscaud. d'un roux plus vif que chez la Femelle, moirées de bandes transversales plus foncées et peu visibles, et terminées par un liseré blanc jaunâtre, qui est suivi en dessus par un trait brun ; 1re ext. liserée extérieurement de blanc jaunâtre. Bec brun de corne, jaunâtre à la base et en dessous. Pieds d'un gris brun jaunâtre.

Variété. — Brückner (Jos.). Ein seltener albino. *(Mitthlgn. orn. Ver. Wien.* p. 143. (1884).

Hybride. — Lanius dubius. Depierre, *Bull. Soc. ornith. Suisse.* p. 31. pl. IV. (1860). *(L. rufus) (L. collurio).*

Habitat. — Suéde mérid. C. (Nilss.). Upsal, C. (A. Mesch). Dalécarlie). C. (Lundb.). Ile de Gottland. (A. Andr.). Danemark. (Kjärb.). Finlande mérid. (M. v. Wrigt). Courlande. (Hummel). Livonie. (Seidlitz). Caucase. Lenkoran. (Ménétr.) Russie tempérée. (Pall.). Sarepta, niche. (Moeschl.). Allemagne, du commencement de Mai à la fin d'Août. (Bechst.). Silésie, C. (Gloger). Thuringe orient. C. C. (Th. Liebe). Bavière. (Koch). Styrie. (Seidensacher). Tyrol. (Althammer). Belgique, C. dans certaines localités, R. dans d'autres. (de Sélys). Hollande. (Schleg.) Angleterre mérid., plus R. dans le N. Pas en Écosse. (Macgill.). Guernesey, pas C. (C. Smith). Suisse, C. C. (Meisner et Schinz). Obwald, Canton de Fribourg, Valais, C. C. (L. O.-G.). Genève. (Fatio). Alsace, d'Avr. à Sept. (Kroener). Lorraine, Ass. C. (Godron). Jura, C. C. (Ogérien). Côte-d'Or, C. C. (Marchant). Savoie, pas C. C. (Bailly). Rhône, C. C. (L. O.-G.). Dauphiné. (Bouteille). Allier, Ass. C. (Olivier). Loiret, Ass. R. (Nouel). La Brenne, Indre, C. C. (R. Martin). Anjou. (Vincelot). Sarthe, C. Gentil). Manche, C. (Le Mennicier). Morbihan, Ass. C. (Taslé).

Loire-Inf. (Blandin). Charente-Inf. C. C. (Beltrém.). Charente. (de Roch-brune). Haute-Loire. C. (Moussier). Gard, pas C. (Crespon). Basses-Pyrénées, Landes, Gironde. C. (Dubalen). Luchon. Saint-Béat, Aude, Ariège, Gers, Avr. à Sept. Hérault, Ass. R. Hautes Pyrénées, R. (Lacroix). Gard. pas C. (Crespon). Santiago. pas C. (D. Francisco). Grèce, arrive vers le milieu de Sept. R. dans le Péloponèse. Roumélie, Eubée, R. (Lindermn.). Sicile, Ass. R. près de Messine. (Malh.). Sardaigne. (Cara).

N. E. de l'Afrique jusqu'au Sennaar. (J. W. v. Müller).

Turquestan. (Severtz.). Smyrne. (v. Gonzenb.). Pas en Sibérie. (Taczan.). Environs de Deesa. N. de Guzerat. (E. A. Butler, *Str. Feath.* p. 219. (1877).

MŒURS. — *Allemagne.* « Cet oiseau peut être rangé à bon droit « parmi les oiseaux chanteurs. Au Print., il chante comme une *Fauvette*, « perché au sommet d'un buisson. et sur les branches basses des arbres ; « il continue ainsi longtemps sans s'interrompre. Son chant parait réunir « ceux de l'*Hirondelle*, du *Chardonneret*, de la *Fauvette*. de l'*Alouette*, « du *Pipit*, du *Pouillot*. du *Rossignol*, du *Rossignol de murailles*, « du *Rouge-gorge*, du *Troglodyte, etc.*. si l'on fait la part de quelques « strophes aigres et spéciales. Tout cela n'est qu'une mélodie d'imitation « Son cri d'appel est dissonnant et peut se rendre par *Gück gück. Arsch* « *Arrch* .. Il arrive tard dans nos contrées. c'est-à-dire au commence-« ment de Mai. Quoi qu'il se trouve dans les vallées où il y a des pâtu-« rages, il se tient surtout dans les champs où l'on voit des haies et des « buissons... » (Bechst.).

Voyez : C. L. Brehm. (*Isis.* p. 630. 1829).
C. Müller. (*J. f. O.* p 398. 1881).
Hans von Kadich. Der *Dorndreher* in Gefangenschaft. (*Mitthlgn. orn. Ver. Wien.* p. 152. 1884).
Rosmanith. Der *Dorndreher* als Fallensteller. (*Mitthlgn. orn. Ver. Wien.* p. 140. 1885).
De même pour les *Mésanges* et les *Liguranins chlorés*. M. von Tschusi a observé que le *Lanius Collurio* jette à terre ses petits trop faibles pour voler, lorsqu'il les croit menacés d'un danger. (*J. f. O.* p. 142. 1877. p. 275. 1870. — *Mitthlgn. orn Ver. Wien.* p. 108. 1885).

NOURRITURE. — « ... Se posent de préférence sur les branches sèches « et les plus isolées pour mieux guetter leur proie. Alors ils se rabattent « sur les petits reptiles, sur les grillons, les sauterelles. les mouches, les « hannetons et sur d'autres insectes ailés qu'ils poursuivent et attrapent « aussi au vol Ils sont voraces, ou plutôt cruels ; c'est sans doute à la « manie de détruire souvent sans nécessité les êtres qui forment la base de

« leur nourriture qu'ils doivent leur dénomination. L'on remarque qu'a-
« près avoir bien chassé et s'être bien repus, ils chassent par instinct de
« prévoyance, et qu'alors loin de manger leur proie, ils la percent aux
« épines des buissons. Ils ont en effet, plus que leurs congénères, l'habi-
« tude de fixer ainsi les grillons, les sauterelles, les petits reptiles aux
« buissons épineux des lieux qu'ils hantent. Ils les y fixent souvent tout
« vivants; quelquefois ils en dévorent la moitié et laissent l'autre à
« l'épine pour venir s'en repaître quelques moments après... » (Bailly).

PROPAGATION. — *Nid* placé sur les buissons à une hauteur de 2 à 7'.
Grand, à bords épais, solide, quelquefois à claire voie comme ceux des
Fauvettes. Première couche de bûchettes, de paille, de gazon ou de
petites racines; la seconde couche est formée par des tiges sèches entrelacées, un peu de mousse et de laine. L'intérieur est garni de tiges déliées,
d'herbes ou de radicules. La cupule mesure 3' de diamètre sur 2 1 2' de
profondeur. (Thienemann).

Consultez : Moquin-Tandon, *R. Z.* p. 281. (1859).

Œufs. (5-6-7) sujets à plusieurs variétés de forme et de couleur. Ils
sont tantôt arrondis, tantôt oblongs, tantôt pointus au petit bout et d'un
blanc rosé avec des taches rougeâtres ou jaunâtres, mêlées à quelques
autres d'une nuance cendrée, ou d'un blanc roux, marqueté de brun
rougeâtre et de roussâtre, ou d'un blanc verdâtre, ou bien simplement d'un
blanchâtre avec des taches cendrées, brunâtres et olivâtres. Ces taches
sont ordinairement plus répandues autour du centre ou vers le gros bout
où elles imitent quelquefois par leur disposition une espèce de couronne.
$0^m,021$ sur $0^m,015$. (Bailly).

Thienemann, *Fortpflanzungsgeschichte*. pl. XXXI. f. 9. a-f.

Bädecker, Pässler et Brehm, *Die Eier. d. europ. Vög.* pl. 52. f. 6.

Voyez : C. L. Brehm, *Isis.* p. 630. 1829. — Müller (Carl). Der roth-
rückige Würger, *Lanius collurio* als Stubenvogel. *(Der Zool. Garten.*
p. 358. 1879).

Id. — Ueber den rothrückigen Würger, *J. f. O.* p. 398. 1881.

———

5. ENNEOCTONUS RUFUS. Bp. *B. of. Eur.* p. 26. (1838).

LANIUS SENATOR. L. *Syst.* p. 94. (1758).

Kleiner röstiger Neuentödter. Klein, *Verb. Hist. d. Vög.* p. 52. (1760).

LANIUS RUFUS. Br. *Orn.* II. p. 147. (1760). *Nec L. Syst. p. 137.
(1766).*

Velia maggiore. ** *Stor. degli Ucc.* I. pl. 56. (1767).

Pie-grièche rousse. B. *Ois.* I. p. 301. (1770). *Pie-grièche rousse de
France.* Id. enl. 9. f. 2.

Lanius auriculatus. Müller, (P. L. S.). *Syst. suppl.* p. 71. (1776).

L. pomeranus. Sparrm, *Mus. Carls.* Fasc. 1. (1786).

L. collurio rufus. Gm. *Syst.* p. 301. (1788).

L. collurio. Gm. *Ibid.*

L. rutilus. Lath, *Ind.* 1. p. 70 (1790).

L. collurio. Bechst. *Naturg. Deutschl.* 1. p. 387. pl. 15. (1790).

L. ruficeps. Bechst. *Naturg. Deutschl.* II. p. 1327. pl. 15. f. 7. (1805).

L. ruficeps. Mey. et Wolf, *Taschenb.* p. 89. (1810).

L. ruficollis. Shaw, *Gen. Zool.* VII. p. 316. (1809).

L. rufus, ruficeps et melanotos. Brehm, *Isis.* p. 1275. (1828). — *Handb.* p. 237-238. (1831). — Id. *Vogelf.* p. 84. (1855). — *Naumannia.* p. 275. (1855).

L. rufus. Gould, *Eur.* pl. 70. (1837).

Enneoctonus rufus. Bp. *Birds. of Eur.* p. 26. (1838).

ENNEOCTONUS PECTORALIS. J. W. v. Müll. *J. f. O.* p. 450. (1855).

Semblable à E. rufus. *Poitrine canelle. Miroir des ailes peu étendu* (J. W. v. Müller).

Habitat. — Sennaar.

—

Lanius jardinei. J. W. v. Müller, *J. f. O.* p. 450. (1855).

Semblable à L. rufus. *Les 2 Rectr. méd. blanches sur leur moitié.* (J. W. v. Müll).

Habitat. — Sennaar. Nubie.

—

ENNEOCTONUS RUTILANS. Cab. *Mus. H.* I. p. 73. (1850.)

Pie-grièche rousse. Levaill. *Afr.* pl. 63. f. 1. ♂. f. 2. ♀. (1799).

Pie-grièche rousse du Sénégal. B. enl. 477. f. 2.

Lanius collurio. *Var. P. senegalensis.* Gm. *Syst.* p. 301 (1788).

L. superciliosus. Licht. *Doubl.* p. 47. (1823).

L. rutifans. T. *Man.* IV. p. 601. (1840).

L. rufus. Kœnig, *J. f. O.* p. 18). pl. III. ♂. ♀. (1888).

Phoneus senator. G. R. Gr. *Handb. B.* I. p. 393 (1869).
Enneoctonus pomeranus. Caban. *Mus.* H. I. p. 73. (1850).
Lanius auriculatus. H. Gadow, *Cat. B. Brit. Mus.* VIII. p. 283.
(1883).

Voyez : Saunders (H.). Notes on the earliest available scientific name
for the *Woodchat Shrike Ibis.* p. 83. (1883).

Allemand : *Der mittlere Neuntöder. Krückelster. Der Rothkopf. Der
grosse Neuntöder. Finkenwürgvogel.* (Bechst.).
Hollandais : *Roodkoppige Klaauwier* (Schleg.).
Français : *Piegrièche rousse.* (B.).
Savoie : *Rénégat roux et blanc.* (Bailly).
Gard : *Tarnagas dé la Testo rousso.* (Crespon).
Anglais : *Woodchat. Woodskrike.* (Macgill.).
Espagnol : *Calcidran. Casigrande.* (Guirao).
Italien : *Averla capirossa.* (Savi).

Simillimus E. rufo, *sed coloribus dilutioribus et
Tectricibus alarum Scapularibusque albo marginatis.
Capitis castaneo magis in dorso descendente et nigre-
dine frontis magis circumscripta, Superciliis albis.*
(Bp.).

Habitat. — Afr. Occ. (Bp.). Sénégambie. (Licht.). Cazamanze.
(Verr.). Tunisie. (Koenig).

Propagation. — *Nid* très vaste, composé de tiges de *Gnaphalium*,
garni à l'intérieur de duvet de *Cardium* et de *Crepis.* — *Œufs* d'un
blanc bleuâtre, avec une couronne de taches brunâtres vers le gros bout
se rapportant pour la grosseur de ceux du *Lanius algeriensis.* (Kroner).

ENNEOCTONUS NILOTICUS. Bp. *R. Z.* p. 439. (1853).

*Simillimus præcedentibus, sed rostro longiore pallido.
capite cerviceque castaneo colore intensiore, minus in
dorso producta, nigredine frontis magis extensa. Superciliis nullis.* (Bp.)

Habitat. — Nil blanc. (Bp.).

Sicile : *Tistazza.* (L. Benoît).
Sardaigne : *Averla capirossa.* (Cara).
Catalan : *Cap Sigrany.* (Vayreda).

MÂLE. — *Dessus de la tête roux. Dos noir. Bas du dos cendré. Un miroir blanc sur l'aile, qui est noire, ainsi que le front. Une bande de cette dernière couleur sur les joues. Parties infér. blanches. Les 2 Rectr. méd. noires ; les suivantes noires avec plus ou moins de blanc. Long. tot.* $0^m,178$. — FEMELLE. *Dos brun. Front blanchâtre. Couvert. al. brunes, bordées de gris roussâtre.* — JEUNE. *Parties supér. brunes, ondulées et linéolées de roux et de cendré. Parties infér. d'un blanc sale, avec des croissants brunâtres.*

?LANIUS SPEC. v. Heugl. *J. f. O.* p. 195. (1851)
?EUNEOCTONUS NILOTICUS. Bp.

MÂLE. — *L.* rufo *simillimus, sed paulo minor, coloribus intensissimis nigredine frontis usque ad originem occipitis extensa. Tergo cinereo. Hyponchondriis et subcaudalibus vinaceo tinctis. Rectricum prima macula anteapricali unipollicari. Long. tot.* $6''$ $8'''$. *al.* $3''$ $7'''$. *caud.* $2''$ $9'''$. *Tars.* 10 $1/2'''$. *Rostr. a front.* $6'''$ (v. Heugl.).

HABITAT. — Tigreh, Afr. or. (v. Heugl.).

? ——— ———

LANIUS RUFUS. *Var. dorso toto atro.* Hempr. et Ehr. *Symb. phys.* fol. 2. (1828).

HABITAT. — Arabie mérid.

MÂLE. — Une bande étroite blanche ou roussâtre couvre le front et les Lorums. Au-dessus de celle-ci, jusqu'au delà du milieu de l'œil, est une large bande transversale noire, qui entoure l'œil en avant et en arrière ainsi qu'en dessous, se confondant avec le noir de la région parot. ; ce noir descend ensuite plus étroitement sur les côtés du cou. Le reste du dessus de la tête est d'un beau roux un peu blond. Manteau brun noir. Scapul. blanches. Bas du dos gris cendré un peu brunâtre. Suscaud. blanches, ailes brun noir. Rém. prim. blanches à base, ce qui forme une tache peu étendue, à bords supér. et inſér. découpés. Rém. blanches d'une manière oblique de dehors en dedans sur la base des barbes int. jusque vers les trois quarts de la longueur des plumes. Rectr. en grande partie d'un brun noir ; la 1ʳᵉ ext. à baguette noire jusque près de la pointe, avec une grande tache triangulaire brun noir clair à base int. vers l'extrémité des barbes int ; 2ᵉ ext. blanche à la base, avec une grande tache subterminale brune et une autre petite terminale blanche. Les suivantes entièrement d'un brun noir foncé, blanches à la base; cette couleur occupant d'autant plus

LANIUS BADIUS. Hartl. *J. f. O.* p. 100. (1854).

L. RUFUS. *p.* Hartl. *W. Afr.* p. 103. (1857).

L. AURICULATUS. Shelley et Buckley, *Ibis.* p. 292. (1872).

L. BADIUS. Shelley, *Ibis.* p. 381. (1875).

L. BADIUS. Gadow, *Cat. B. Brit. Mus.* VIII. p. 285. (1883).

Se distingue de Enn. rufus *par l'absence de blanc sur les Rém. prim.* (Gadow).

HABITAT. — Côte-d'Or. (Hartl.)

d'espace que la Rectr. est plus ext. Parties infér. blanches. Long. tot, 0ᵐ,178. Bec 0ᵐ,013. Aile 0ᵐ,088. Queue
0ᵐ,085. Tarse 0ᵐ,025.

Femelle. — Roux de la tête plus rembruni. Brun du
manteau et des ailes plus clair. Rém. bordées de roussâtre. Croupion mélangé de gris et de roussâtre.

Jeune. — Dessus de la tête, du cou et région parot.
avec des raies transversales brunes, sur un fond roux grisâtre. Manteau d'un brun terne, avec quelques bordures
blanchâtres. Scapul. brunes ou blanches, lavées de roussâtre, et cerclées de brun à l'extrémité. Ailes d'un brun
clair, à bordures roussâtres. La tache blanche des Rém.
est lavée de roussâtre. Parties infér. d'un blanc gris jaunâtre, avec des croissants ondulés brunâtres. Bec et pieds
brunâtres.

Habitat. — Danemark, R. R. (Kjärb.). Ass. C. près de l'Alma.
(Radde). Bulgarie, pas C. (O. Finsch). Allemagne, fin d'Avr. à Sept.
(Bechst.). Silésie, C. (Gloger). Thuringe orient. Plus C. qu'autrefois.
(Th. Liebe). Bavière. (Koch) Styrie. (Seidensacher). Tyrol. (Althammer).
Bavière. (Koch). Belgique, C. (de Sélys). Hollande. Acc. (Schleg.),
Angleterre. R. (Macgill.). Suisse, C. (Bailly). Canton de Fribourg.
R. près de Bulle. (L. O.-G). Alsace, d'Avr. à Sept. (Kroener). Lorraine,
C. (Godron). Jura, Ass. R. (Ogérien). Côte-d'Or, C. (Marchant). Savoie,
C. (Bailly). Dauphiné, (Bouteille). Rhône, C. C. (L. O.-G.). Dauphiné,
C. (Bouteille). Loiret, R. (Nouel). Eure-et-Loir. (Marchand). Anjou,
(Vincelot). Allier, C. (Olivier). Indre, C. C. (R. Martin). Sarthe, pas C.
(Gentil). Manche, R. R. (Le Mennicier). Morbihan, R. R. (Taslé). Loire-
Inf. (Blandin). Charente-Inf. C. (Beltrém.). Charente, C. C. (de Roche-
brune). Haute-Loire. (Moussier). Gard. (Crespon). Basses-Pyrénées,
Landes, Gironde, Ass. C. (Dubalen). Haute-Garonne, Aude, Ariège, Gers,
Hérault, Hautes-Pyrénées, Tarn, Tarn-et-Garonne, Pyrénées-Orientales,
d'Avr. à Sept., C. (Lacroix). Province de Gerona. (Vayreda). Murcie,
séd. C. (Guirao). Andalousie, C. (H. Irby). Portugal. C. C. C. (A. C.
Smith). C. C. aux Baléares, où il est le seul représentant de la Famille
des Laniens. (A. v. Homeyer). Grèce, pas R. (Linderm.). Corfou, C. en

Été. (T. Powys). Cyclades, Hiv. (Erhard). Sicile, arrive en Avr. ; émigre en Sept. (Malh.). Malte, presque toute l'année. (C. A. Wright). Sardaigne. (Cara). Corse. (J. Whitehead).

Algérie. (Loche). C. dans l'Algérie orient. et à Tunis. (O. Salvin). Tanger. (Carstens.). N.-E. de l'Afrique. (J. W. v. Müller). Pas C. à Bône. (Ledoux). Sénégambie. Guinée. (Hartl.). Pas dans l'Afrique mérid. (Sundevall). Palestine. (Tristram).

MŒURS. — *Allemagne.* « Cet oiseau est connu dans plusieurs localités « sous le nom de *Finkenbeisser*, parce que son naturel est si hargneux, « qu'il se bat avec tous les oiseaux qu'il rencontre, même avec les *Pies*, et « au Print. et en Aut avec les *Pinsons*. Il a beaucoup de mémoire, et on « le voit perché au sommet d'une branche répétant le chant de la plupart « des oiseaux qu'il entend ; il imite surtout très bien le chant du *Rossignol* « et de la *Fauvette à tête noire*, seulement ses accents sont faibles et « manquent de netteté. Au milieu de ses modulations, il entremêle « quelques strophes aigres et discordantes. Son cri d'appel est rauque « *aetsch äätsch...* Lorsqu'il est dans l'inquiétude, c'est *Gäck, gück,* « *gäck...* » (Bechst.).

NOURRITURE. — Insectes, surtout des Coléoptères. Jamais des oiseaux, ni des souris. (C. L. Brehm, *Beiträge.* I. p. 407). Grenouilles, lézards, souris, très rarement les volatiles. (Bailly).

PROPAGATION. — Nid placé plus ou moins haut sur des buissons, près du tronc, ou sur des branches horizontales. Ce nid ressemble plus à celui de *L. minor* qu'à celui de *L. collurio.* Il est peu massif, en forme de coupe. Diamètre 4 1/2″ sur 2″ de hauteur ; profondeur 1 1/2″. Se compose de tiges du *Filago arvensis* ou du *Medicago polymorpha.* (Thienem.).
Consultez : Moquin-Tandon, *R. Z.* p. 282. 1859.

Œufs (6) verdâtres pour la plupart, ou d'un blanc jaunâtre tirant sur le vert ou le bleu verdâtre. Taches profondes d'un gris cendré ou d'un gris verdâtre. Les moyennes sont d'un gris verdâtre ou jaunâtre. la plupart d'une teinte mate, disposées autour du plus gros diamètre. Ces œufs se rapprochent surtout de ceux du *L. minor*, mais les pores sont mieux marqués. Éclat assez prononcé. (Thienem.). $0^m,025$ sur $0^m,016$ à $0^m,017$. Degl. et Gerbe).
Thienemann, *Fortpflanzungsgeschichte.* pl. 31. f. 8. a.-f.
Bädecker, *Die Eier d. europ. Vög.* pl. 52. f. 5.

—

6. ENNEOCTONUS PARADOXUS. A. Brehm, *Allgem. deutsche naturh. Zeit.* p. 450. (1857).

LANIUS PARADOXUS ET COGNATUS. A. et L. Brehm, *Vogelf.* p. 84. (1855).
— *Naumannia.* p. 275. (1855).

Taille un peu supér. à celle de L. rufus, *auquel il ressemble. Queue blanche à la base. (Brehm).*

HABITAT. — Europe mér. Egypte en Hiv. Espagne. (A. Brehm.).

7.

ENNEOCTONUS RUFUS SUPERCILIARIS. A. Brehm, *Allg. deutsch. naturh. Zeit.* p. 450. (1857).

HABITAT. — Espagne. (A. Brehm).

LYON. — IMP. PITRAT AÎNÉ, 4, RUE GENTIL.